Bibliografische Information der Deutschen Nationalbibliothek:

Die Deutsche Bibliothek verzeichnet diese Publikation in der Deutschen Nationalbibliografie; detaillierte bibliografische Daten sind im Internet über http://dnb.d-nb.de/ abrufbar.

Impressum:

Druck und Bindung: Books on Demand GmbH, Norderstedt Germany
ISBN: 9783668462236

Dieses Buch bei GRIN:

http://www.grin.com/de/e-book/369213/sach-und-textaufgaben-zur-fussball-wm-2014-in-brasilien-mathematik-5

Daniel Mader

Sach- und Textaufgaben zur Fußball WM 2014 in Brasilien (Mathematik 5. Klasse Realschule)

Durchführung und Analyse eines Übungszirkels

GRIN Verlag

Studienseminar 2015 für das Lehramt an Realschulen

Schriftliche Hausarbeit

im Fach Mathematik

zum Thema:

„Planung, Durchführung und Analyse eines Übungszirkels in der 5. Jahrgangsstufe zur Wiederholung ausgewählter Themen mit dem Schwerpunkt Sach- und Textaufgaben zur Fußball WM 2014 in Brasilien."

Studienreferendar:	Daniel Mader
Fächerverbindung:	Mathematik / Wirtschaftswissenschaften
Prüfungstermin:	2015
Themenvergabe:	05.06.2014
Abgabetermin:	04.11.2014

Inhaltsverzeichnis

Inhalt

Lesehinweis:

In der vorliegenden Hausarbeit wird die geschlechtsneutrale Schreibweise Schüler gewählt. Dies garantiert eine bessere Lesbarkeit. Mit der Formulierung sind stets beide Geschlechter

I. Vorwort

Es ist vollbracht! Deutschland ist Fußball- Weltmeister 2014! Die deutsche Elf um Bundestrainer Joachim Löw setzte sich im WM-Finale gegen Argentinien mit 1:0 durch. Mit Mario Götzes Siegtreffer in der 113. Minute der Verlängerung gab es für die Mannschaft und den zahlreichen deutschen Fans nach dem Schlusspfiff kein Halten mehr.
Der Gewinn des WM- Pokals 2014 in Brasilien ist für Deutschland rückblickend ein weiterer Meilenstein in seiner erfolgreichen Historie. Die Euphoriewelle, die während der WM und vor allem nach dem Titelgewinn ausgelöst wurde, war in allen Teilen der Bevölkerung spürbar. Genau jene positiven Eindrücke bzgl. der WM 2014 in Brasilien gilt es auch in den Schulalltag zu integrieren, was in dieser Arbeit, speziell für den Mathematikunterricht, ausgearbeitet wurde.
In der vorliegenden Arbeit wird die Planung, Durchführung und Analyse eines Übungszirkels in der 5. Jahrgangsstufe zur Wiederholung ausgewählter Themen mit dem Schwerpunkt Sach- und Textaufgaben zur Fußball WM 2014 in Brasilien genauer erläutert.
Dabei unterteilt sich die Arbeit in vier große Gliederungspunkte. Der erste Punkt umfasst die Sachanalyse, die die Struktur eines Lern- bzw. Übungszirkels vorstellt und eine thematische Abgrenzung der Lerninhalte liefert. Anschließend wird im zweiten Punkt auf die didaktische Analyse eingegangen, welche die Aspekte des Lehrplans, der Lernziele, der Lerngruppe sowie die Zusammenstellung der Aufgaben berücksichtigt.
Im dritten Teil der Arbeit wird die methodische Analyse behandelt, welche sämtliche Vorbereitungen, den Ablauf des Übungszirkels selbst sowie die Nachbereitung beinhaltet. Der vierte Punkt rundet die Arbeit mit einer kritischen Würdigung, einer Reflexion, ab, wobei sowohl die Schüler- als auch die Lehrersichtweise miteinfließen.

II. Lernzirkel

1. Sachanalyse

1.1 Geschichte und Idee eines Lernzirkels

Bereits im Jahre 1920 stattete die Amerikanerin Helen Parkhurst im Zuge ihres damaligen Dalton Plans Fachräume mit Selbstbildungsmaterialien aus. Ziel war es, eine Arbeitsform für die Schüler zu schaffen, welche ein selbstständiges Arbeiten mit den Materialien unter Berücksichtigung von fachspezifischen Aufgabenstellungen ermöglichte.[1]
Diese Idee, welche aus der Reformpädagogik stammt, war ein wichtiger Schritt für den offenen Unterricht bzw. der Freiarbeit. Während des nationalsozialistischen Regimes wurden allerdings sämtliche reformpädagogische Ansätze in Deutschland rigoros unterdrückt. Dies galt auch für die Meisten anderen europäischen Staaten, die aufgrund des nachfolgenden Kriegsgeschehens eine dauerhafte Stagnation ihrer pädagogischen Entwicklung einräumen mussten. Erst nach der Befreiung Deutschlands durch die Alliierten im Jahre 1945 lebten die reformpädagogischen Ideen wieder auf, die nun immer mehr in der Praxis umgesetzt wurden. Eines dieser Konzepte, dass auch heute immer noch einen hohen Stellenwert genießt, ist der Lernzirkel. Die Erfinder dieses Konzepts sind die Engländer Ronald Ernest Morgan und Graham Thomas Adamson mit ihrem Circuittrainings- System aus dem Jahre 1952. Sie entwickelten ein Sport- Trainingssystem, den Circuit (Kreislauf, Umlauf), mit mehreren Übungsstationen. Jede einzelne Station bzw. Übung sollte dabei entweder in einer bestimmten Zeit oder nach einer bestimmten Anzahl von Wiederholungen absolviert werden. Im Laufe der gesamten Trainingseinheit sollten letztendlich alle Stationen durchlaufen werden. Genau jenes Prinzip des Stationenlaufs wurde nun zur Grundlage für die Übertragung des Circuittrainings auf andere Schulfächer. Entstanden ist der heutige Lernzirkel oder auch das Stationenlernen, welcher fast ausnahmslos in allen Fächern anwendbar ist. [2] Zusammenfassend lässt sich anhand des geschichtlichen Hintergrundes also ableiten: „Ein Lernzirkel bzw. Stationenlernen ist als

[1] http://paedpsych.jku.at/INTERNET/ARBEITSBLAETTERORD/UNTERRICHTSFORMORD/Lernzirkel.html
[2] Hans- Jürgen van der Gieth, Lernzirkel- Die neue Form des Unterrichts, S.13 ff.

schüleraktive, schülerselbstgesteuerte und materialgeleitete Unterrichtsform, eine Art des offenen Unterrichts.“ [3]

1.2 Struktur eines Lernzirkels

Grundsätzlich werden bei einem Lernzirkel ein oder mehrere Unterrichtsthemen in verschiedene Lernsequenzen untergliedert. Diese Lernsequenzen werden beim Lernzirkel den sogenannten Lernstationen zugeordnet. Die Lernstationen stellen somit den Lernort für den Schüler dar, welche mit den jeweiligen Arbeitsmaterialien ausgestattet sind. Der Ablauf eines Lernzirkels lässt sich dabei grob in drei Phasen unterteilen.

Im Vorfeld ist es die Aufgabe des Lehrers die Materialien bereitzustellen. Die Vorbereitungsarbeit ist deshalb von großer Bedeutung, da die Aufgaben möglichst selbsterklärend sein müssen, damit die Schüler die Arbeitsaufträge eigenständig bewältigen können. Zu Beginn des Lernzirkels sollten die Schüler sorgfältig in den Umgang mit den Materialen sowie den Ablauf eingeführt werden, um ein effektives und erfolgreiches Arbeiten zu gewährleisten. Nachdem alle Arbeitsmaterialien – nach Stationen getrennt – ausgelegt sind, kann die eigentliche Durchführung beginnen.

Die Schüler bearbeiten die entsprechenden Stationen mit deren Pflichtaufgaben. Die Sozialform zur Bearbeitung wird entweder schon vorher oder durch die Aufgabenstellung festgelegt. Der Lehrer nimmt in dieser Arbeitsphase eine Beobachterrolle ein, d. h. es wird auf direkte Eingriffe in das Unterrichtsgeschehen verzichtet. Somit agiert der Lehrer nur noch als Berater und begleitet die Arbeitsprozesse der Schüler. Als Arbeitszeit für eine Lernstation wird zur Orientierung von einer Unterrichtsstunde ausgegangen. Sind leistungsstärkere Schüler mit ihren Pflichtaufgaben schon früher fertig, besteht die Möglichkeit der Differenzierung mit Hilfe von Wahlaufgaben, die der Lehrer zur Verfügung stellt.[4] Es empfiehlt sich, dass jeder Schüler einen Laufzettel führt, auf dem die einzelnen Stationen und deren Bearbeitung hervorgehen. Zuletzt ist darauf zu achten, dass die einzelnen Stationen nicht aufeinander aufbauen, damit alle Schüler jederzeit in den Lernzirkel einsteigen und zu einer beliebigen Station wechseln können.

Die dritte und letzte Phase stellt die Nachbereitung dar. Die Schüler sollen dabei neben der Ergebnissicherung der einzelnen Stationen, die auch als Selbstkontrolle während des Lernzirkels stattfinden kann, ihre Schwierigkeiten sowie die positiven und negativen

---

[3] vgl. http://www.mathematik.uni-mainz.de/arbeitsgruppen/fachdidaktik/bicker/fd-seminar-ws-07-08/projekte/schatzen/Prasentation_neu.3.ppt/at_download/file+&cd=3&hl=de&c

[4] Hans- Jürgen van der Gieth, Lernzirkel- Die neue Form des Unterrichts, S.62 ff.

Eindrücke schildern. Für den Lehrer bietet diese Art der Reflektion einen großen Vorteil. Anhand der Schüleräußerungen kann der Lehrer nämlich einschätzen, wie erfolgreich die Lernzirkelarbeit wirklich war, um diese zukünftig noch effizienter zu gestalten. [5]

1.3 Thematische Abgrenzung

Die schriftliche Hausarbeit „Planung, Durchführung und Analyse eines Übungszirkels in der 5. Jahrgangsstufe zur Wiederholung ausgewählter Themen mit dem Schwerpunkt Sach- und Textaufgaben zur Fußball WM 2014 in Brasilien“ ist dem Lehrplan Mathematik der fünften Klasse der Bayerischen Realschule zuzuordnen. Anhand der Themenstellung ist bereits ersichtlich, dass es sich bei diesem Lernzirkel um einen speziellen Übungszirkel handelt, der das Ziel verfolgt ausgewählte Teilbereiche der fünften Jahrgangsstufe zu wiederholen. Somit steht nicht der Erwerb von neuem, sondern das Auffrischen von bereits bekannten Wissen im Vordergrund.
Es ist anzumerken, dass die mathematischen Inhalte der fünften Jahrgangsstufe auf den in der Grundschule erworbenen Kenntnissen und Fähigkeiten systematisch aufbauen. Zum einen befassen sich die Schüler intensiv mit den grundlegenden Rechenfertigkeiten sowie auf anschauliche Weise mit verschiedenen geometrischen Grundfiguren.[6]
Um auf die verwendeten Themen des Übungszirkels Bezug nehmen zu können, wird der Lehrplan der fünften Jahrgangsstufe kurz vorgestellt. Der Hauptanteil der Aufgaben stammt vom Lehrplanpunkt M 5.2 „Die vier Grundrechenarten“. Die Schüler erweitern dabei u.a. ihre Fertigkeiten in den schriftlichen Verfahren der Grundrechenarten im uneingeschränkten Zahlenraum der natürlichen Zahlen. Zudem steht vorteilhaftes Rechnen mit Hilfe verschiedener Rechenregeln, das Lösen von Gleichungen sowie Sachaufgaben im Mittelpunkt. Im nächsten Bereich M 5.3 „Rechnen mit Größen aus dem Alltag“ vertiefen die Schüler die Grundrechenarten mit anwendungsorientierten Sachaufgaben zu den Größen Masse, Länge, Geld und Zeit. Das Lösen von Sachaufgaben mit dem Dreisatzprinzip dient außerdem als Vorbereitung für das Thema Proportionalität in der kommenden Jahrgangsstufe.[7]
Der nächsten Punkt, welcher in den Übungszirkel eingearbeitet wurde, ist M 5.5 „Flächenmessung“. Hierbei schätzen, vergleichen und berechnen die Schüler die gesuchten Flächen und wenden ihr Wissen bei unterschiedlichen Sachproblemen an. Eine ähnliche

[5] Hans- Jürgen van der Gieth, Lernzirkel- Die neue Form des Unterrichts, S.73
[6] https://www.isb.bayern.de/download/9019/m_neu.pdf
[7] https://www.isb.bayern.de/download/10041/lehrplan_rs_m_5_neu.pdf

Struktur wie bei der Flächenmessung findet sich in M 5.6 „Raummessung“ wieder. Auch hier erfolgt ein Vergleich bzw. die Berechnung, wobei nun der Rauminhalt / Volumen einfacher geometrischer Körper gesucht ist. Auch dieser Bereich wird mit der Anwendung von Sachaufgaben abgerundet. Als letzten Punkt, der für die Hausarbeit als thematische Grundlage dient, ist M 5.8 „Daten und Zufall“ zu nennen. Dabei lernen die Schüler Informationen aus Tabellen und Diagrammen herauszulesen und auszuwerten. Außerdem behandeln die Schüler einfache Zufallsexperimente und das Zählprinzip, welches anhand von Baumdiagrammen vermittelt wird.[8]

Ausgeschlossen wurde der Lehrplanpunkt M 5.4 „Geometrische Grundformen und geometrische Begriffe“, da hier die zeichnerische Darstellung von geometrischen Grundfiguren (z.B. das Zeichnen einer Strecke im Gitternetz, eines Würfelnetzes, das Schrägbild eines Quader, etc.) dominiert und somit nicht mit dem Schwerpunkt des Hausarbeitsthemas Text- und Sachaufgaben übereinstimmt. Ebenfalls verzichtet wird auf die Teilbereiche M 5.1 „Aufbau des Dezimalsystems“ sowie M 5.7 „Teilbarkeit natürlicher Zahlen“. Auch diese beiden Themen entsprechen nicht dem Anforderungsprofil der Hausarbeit hinsichtlich Textaufgaben mit einem Bezug zur Fußballweltmeisterschaft. Zudem nehmen sie im Lehrplan eine untergeordnete Rolle ein, was mit der veranschlagten Stundenzahl von acht bzw. elf Stunden zu belegen ist.[9]

Zusammenfassend ist noch zu erwähnen, dass bei der Zusammenstellung der mathematischen Inhalte versucht wurde hauptsächlich Sach- und Textaufgaben zu integrieren, was auch den Schwerpunkt der vorliegenden Arbeit ausmacht. Es wird somit auf ein breites Aufgabenspektrum verzichtet, wie es beispielsweise in einem Jahrgangsstufentest oder einer allgemeinen Grundwissenssicherung üblich wäre.

[8] https://www.isb.bayern.de/download/10041/lehrplan_rs_m_5_neu.pdf

[9] https://www.isb.bayern.de/download/10041/lehrplan_rs_m_5_neu.pdf

2. Didaktische Analyse

2.1 Lehrplanbezug

Wie bereits aus der thematischen Abgrenzung hervorgeht, dienen die Lehrplanpunkte M 5.2 „Die vier Grundrechenarten“, M 5.3 „Rechnen mit Größen aus dem Alltag“, M 5.5 „Flächenmessung“, M 5.6 „Raummessung“ und M 5.8 „Daten und Zufall“ als inhaltliche Grundlage der Hausarbeit. Aus dem Lehrplan geht klar hervor, dass alle aufgezählten inhaltlichen Punkte, ausgenommen M 5.8 „Daten und Zufall“, das Lösen von Sachaufgaben als konkretes Lernziel definiert haben. Allein diese Tatsache zeigt den hohen Stellenwert dieses Aufgabentyps in der fünften Klasse.

Text- und Sachaufgaben fördern die Übersetzung des gegebenen Kontextes auf die mathematische Ebene sowie die Entwicklung einer Lösungsstrategie für die gegebene Problemsituation. [10] Die damit verbundene Informationsbeschaffung und die selbstständige Verarbeitung der mathematischen Inhalte werden in dieser Arbeit deshalb maßgeblich berücksichtigt.

2.2 Lernziele

Die vorliegende Hausarbeit vereint zum einen mathematische Lernziele und zum anderen allgemeine Kompetenzen bzw. Schlüsselqualifikationen. Beide Kategorien werden im folgenden Abschnitt einzeln vorgestellt.

2.2.1 Mathematische Lernziele

Wie bereits anhand des Lehrplanbezuges ersichtlich wird, beziehen sich die fachlichen und damit mathematischen Lernziele auf die ausgewählten Lehrplanbereiche der fünften Jahrgangsstufe. Da der Übungszirkel insgesamt aus vier Übungsstationen besteht, wäre es natürlich möglich für jede Station bzw. jede Aufgabe die jeweiligen Lernziele auszuformulieren. Diese Vorgehensweise ist jedoch nicht sinnvoll, da sich verschiedene Aufgabentypen inhaltlich überschneiden, wodurch sich einzelne Lernziele wiederholen

[10] https://www.isb.bayern.de/download/9019/m_neu.pdf

würden. Deshalb beziehen sich die nachfolgenden Lernziele auf den gesamten Übungszirkel. Vorweg ist das Groblernziel zu nennen, welches für alle Stationen gilt.

Groblernziel des Übungszirkels:

Die Schüler sollen ausgewählte Themenbereiche anhand von anwendungsorientierten Text- und Sachaufgaben wiederholen und vertiefen.

Teillernziele des Übungszirkels:

- Die Schüler sollen die schriftlichen Verfahren bzgl. der vier Grundrechenarten festigen.
- Die Schüler sollen Terme aus dem Kontext ableiten und einfache Gleichungen lösen können.
- Die Schüler sollen Kenntnisse über Maßeinheiten wiederholen und einfache Dreisatzaufgaben lösen können.
- Die Schüler sollen die Fläche bzw. Oberfläche wiederholen und Flächeneinheiten vergleichen können.
- Die Schüler sollen das Volumen eines Quaders bestimmen und Volumeneinheiten umwandeln können.
- Die Schüler sollen Grundlagen der Kombinatorik wiederholen und Informationen aus Tabellen auswerten können.

2.2.2 Allgemeine Kompetenzen

In der Schule steht das Anhäufen und Abrufen von Fachwissen im Vordergrund. Es wird aber nur selten darauf geachtet, das Sozialverhalten und die Persönlichkeitsentwicklung der Schüler zu fördern.[11] Anhand dieser Überlegung leistet die Lernzirkelarbeit einen wesentlichen Beitrag, um den gesellschaftlich gewollten Anspruch auf Selbständigkeit, Individualisierung und Eigenverantwortung zu erfüllen. Im Gegensatz zum alltäglichen Unterricht, bei dem der Lehrer die Unterrichtsabläufe dominiert, können die Schüler beim Lernzirkel ihre individuellen Fähigkeiten besser hervorheben.[12] Somit ergibt sich die Möglichkeit selbstbestimmt zu arbeiten und die Schüler lernen sich einzuschätzen,

[11] Hermann Schulze, „...und morgen fangen wir an!", S.50 ff.

[12] Hans- Jürgen van der Gieth, Lernzirkel- Die neue Form des Unterrichts, S.53 ff.

miteinander zu reden, aufeinander Rücksicht zu nehmen, Probleme spielerisch zu lösen und sorgfältig mit den Lernmaterialien umzugehen. [13]

2.3 Charakterisierung der Lerngruppe

Die Klasse 5 der Realschule setzt sich aus 23 Schülern zusammen, darunter 2 Jungen und 21 Mädchen. Insgesamt ist die Klasse freundlich und aufgeschlossen gegenüber dem Fach Mathematik, was sich auch in der sehr aktiven Mitarbeit der Schüler erkennen lässt. Das Leistungsniveau in der Klasse ist als durchschnittlich anzusehen. Allerdings sind teilweise große Leistungsunterschiede zwischen den Schülern erkennbar. Diese Tatsache spiegelt sich im unterschiedlichen Arbeitstempo beim eigenständigen Bearbeiten von Aufgaben und in der schriftlichen Leistungsbeurteilung wieder. Im folgenden Abschnitt werden die Gründe genannt, warum die Klasse 5b zur Durchführung eines Lernzirkels gewählt wurde.
Der Lehrer unterrichtet die betreffende Klasse im Fach Mathematik seit Beginn des 2. Halbjahres. In diesem Zeitraum legte der Großteil der Schüler stets eine, in jedem Themenbereich, aufgeschlossene und vorbildliche Arbeitshaltung an den Tag. Zudem spricht für die Klasse, dass es nie zu größeren disziplinären Problemen kam. Ein weiterer Punkt ist die Klassenstärke von 23 Schülern, welche ideale Voraussetzungen für einen Lernzirkel bietet. Aufgrund dieser Kriterien fiel die Wahl auf die Klasse 5b, was sich auch im Nachhinein aus Sicht der Lehrkraft als gute Entscheidung herausstellte.

2.4 Zusammenstellung der Aufgaben

Die Erstellung der Aufgaben und die damit verbundene Konzeption des Übungszirkels ist der anspruchsvollste Teil der Vorbereitung. An dieser Stelle ist natürlich hervorzuheben, dass ein Großteil der Aufgaben zum Schwerpunktthema „ Sach- und Textaufgaben zur WM 2014 in Brasilien“ gestaltet wurden. Bevor in einem Kurzüberblick einzelne Aufgaben vorgestellt werden, wird zunächst der Schwerpunkt, an dem sich die Aufgaben orientieren erläutert.
Eine Textaufgabe kennzeichnet sich grundsätzlich durch eine mathematische Problemstellung aus, welche anhand einer Fließtextbeschreibung vorgegeben wird. Zur

[13] Hans- Jürgen van der Gieth, Lernzirkel- Die neue Form des Unterrichts, S.37

Lösung der Textaufgabe sind immer drei Komponenten zu beachten, nämlich die Frage, der eigentliche Rechenvorgang und die abschließende Beantwortung.[14]

Dagegen wird der Begriff des Sachrechnens keineswegs einheitlich verwendet und kann daher sowohl enger als auch weiter gefasst werden. Mit Sachrechnen verbindet man häufig realitätsnahe Aufgabenstellungen, in denen eine reale Situation beschrieben oder angedeutet wird. Es ist wichtig festzuhalten, dass das Lösen von Sachaufgaben mehr ist als ein Unterricht mit Bezügen zur realen Welt und zur Mathematik. Umwelt und Mathematik lassen sich nicht getrennt betrachten und werden vom Schüler im Unterricht genauer untersucht. Somit soll für den Schüler ein Übergang von der realen Umwelt zur Mathematik vollzogen werden.[15]

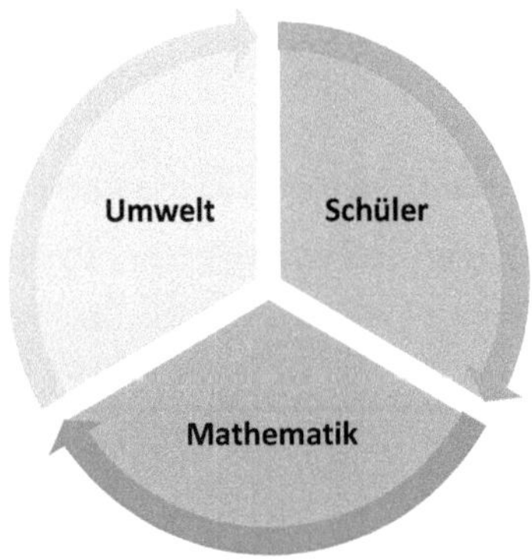

Abb. 2: Sachrechnen im Wechselspiel von Umwelt, Schüler und Mathematik [16]

Anhand dieser Überlegungen wurde das aktuelle Großereignis, die Fußball- WM 2014 in Brasilien als Übergang von Umwelt und Mathematikunterricht mit anwendungsbezogenen Aufgaben genutzt. Der Übungszirkel ist aus vier Übungsstationen aufgebaut. Jede der vier Stationen enthält drei Pflichtaufgaben. Um zu veranschaulichen, in wie weit die entworfenen Aufgaben die zuvor angesprochenen Lehrplanbereiche abdecken, werden nun drei Aufgaben exemplarisch aus dem gesamten Übungszirkel vorgestellt.

Als erstes ist die Aufgabe „Die fünf Großen!“ (Station 1) zu nennen, welche dem Lehrplanbereich M 5.2 „Die vier Grundrechenarten“ sowie M 5.5 „Flächenmessung“ zuzuordnen ist. Mit Hilfe der fünf größten WM- Stadien in Brasilien wiederholen die

[14] http://de.wikipedia.org/wiki/Textaufgabe
[15] http://www.springer.com/cda/content/document/cda_downloaddocument/9783827419958
[16] http://www.springer.com/cda/content/document/cda_downloaddocument/9783827419958

Schüler das schriftliche Verfahren der Addition und vergleichen im zweiten Teil der Aufgabe die Spielflächen anhand verschiedener Flächeneinheiten. Bei der Aufgabe „Was ziehen wir heute an?" (Station 3), welche dem Punkt M 5.8 „Daten und Zufall" entspricht, sollen die Schüler verschiedene Kombinationsmöglichkeiten mit Hilfe eines Baumdiagramms bestimmen. Zuletzt ist noch die Aufgabe „Das Luxushotel" (Station 4) anzuführen, die erneut die Hauptthemenbereiche M 5.2 „Die vier Grundrechenarten" sowie M 5.3 „Rechnen mit Größen aus dem Alltag" aufgreift. Dabei lösen die Schüler eine Gleichung mit Hilfe eines x- Ansatzes, der aus der Textaufgabe erstellt werden muss.

Die kurze Vorstellung der aufgeführten Aufgaben soll aber nur einen Einblick an die zentralen Anforderungsbereiche liefern, die der Übungszirkel beinhaltet. Eine ausführliche Auflistung aller Aufgaben mit dem dazugehörigen Lehrplanbereich findet sich in der nachfolgenden Tabelle. In diesem Zusammenhang ist darauf hinzuweisen, dass alle Teilaufgaben der jeweiligen Stationen nie einen einzelnen Lehrplanpunkt alleine ansprechen, sondern dass der Fokus der Aufgabe auf diesem Bereich liegt. Generell ist also festzuhalten, dass die Lösung der Aufgaben meist eine Verbindung der verschiedenen Lehrplanbereiche verlangt.

Aufgaben der Übungsstationen	**Lehrplanbereich**
Station 1:	
Aufgabe 1: Die fünf Großen!	M 5.2 / M 5.5
Aufgabe 2: Flächenvergleich!	M 5.2
Aufgabe 3: Eine Menge Rasen!	M 5.2 / M 5.3 / M 5.5
Station 2:	
Aufgabe 1: Brasilien ist ein großes Land!	M 5.2
Aufgabe 2: Werbung für den Fußball!	M 5.2 / M 5.3 / M 5.5
Aufgabe 3: Der Pokal ist ein Vermögen wert!	M 5.3 / M 5.5 / M 5.6
Station 3:	
Aufgabe 1: Was ziehen wir heute an?	M 5.8
Aufgabe 2: Wasser marsch!	M 5.6
Aufgabe 3: Sammelbestellung!	M 5.3
Station 4:	
Aufgabe 1: Die südamerikanischen Teilnehmer!	M 5.2 / M 5.8
Aufgabe 2: Das Luxushotel!	M 5.2 / M 5.3
Aufgabe 3: Die neuen Innovationen!	M 5.3 / M 5.5 / M 5.6

Abb. 3: Kurzüberblick über die Lehrplanzugehörigkeit der Aufgaben

Da die Lehrplanbereiche M 5.2 „Die vier Grundrechenarten“ und M 5.3 „Rechnen mit Größen aus dem Alltag“ eine hohe Stundenzahl einnehmen (40 bzw. 25 Unterrichtsstunden) wurde dies auch in der Zusammenstellung der Aufgaben berücksichtigt. Bei der Gestaltung der einzelnen Aufgaben wurde zudem darauf geachtet, dass die Arbeitsaufträge mit einführenden Informationen und Bildern ausgeschmückt sind, wie es dem Anforderungsprofil einer Sachaufgabe entspricht.

Abschließend ist noch zu erwähnen, dass jede Station neben den drei Pflichtaufgaben mit einer Wahlaufgabe ergänzt wurde. Die Wahlaufgaben sind als reine Textaufgaben konzipiert, mit dem Charakter einer Knobelaufgabe. Sie prüfen deshalb keinen speziellen Bereich des Lehrplans. Somit dienen die Wahlaufgaben als Puffer bzw. zur Differenzierung, falls die Schüler bereits frühzeitig alle Pflichtaufgaben ihrer Station erledigt haben.

3. Methodische Analyse

3.1 Organisatorische Vorüberlegungen

Zur Durchführung des Übungszirkels hatte die Lehrkraft im Vorfeld wichtige organisatorische Vorüberlegungen zu treffen. Zum einen wurden die vier Übungsstationen anhand der angeführten Themenbereiche des Lehrplans erstellt und zum anderen mussten Absprachen mit anderen Lehrern aus dem Kollegium getroffen werden.

Wie bereits aus der Zusammenstellung der Aufgaben hervorgeht (siehe 2.4) wurden für den Übungszirkel insgesamt vier Übungsstationen ausgearbeitet. Jede Station wurde in einem einheitlichen Layout gestaltet und enthält drei Pflichtaufgaben sowie eine Wahlaufgabe. Um den Charakter einer Sachaufgabe zu erfüllen, wurden die jeweiligen Aufgaben mit Hintergrundinformation und Bildern ergänzt. Aufgrund der geringen Anzahl von vier Übungsstationen wurde auf einen Laufzettel verzichtet, da die Schüler ohnehin alle Stationen bearbeiten mussten.

Für die nachfolgende Kontrolle bzw. Korrektur wurde von der Lehrkraft ein eigener Lösungsvorschlag zu den einzelnen Übungsstationen angefertigt. Zudem wurde ein Reflexionsbogen entworfen, um den Schülern zusätzlich die Möglichkeit zu bieten, den absolvierten Übungszirkel zu bewerten und individuelle Verbesserungsvorschläge bzw. Anregungen einzubringen.

Für das Arbeiten mit dem Übungszirkel wurde im Vorfeld ausschließlich die Sozialform der Gruppenarbeit gewählt. Diese Entscheidung hat zwei Gründe. Einerseits hätten die Schüler den Übungszirkel auch in Einzel- oder Partnerarbeit durchlaufen können. Allerdings hätte es zwangsläufig dazu geführt, dass an einzelnen Stationen zu viele Schüler arbeiten. Um ein Auflaufen der Schüler an den jeweiligen Stationen zu verhindern, hätte die Lehrkraft mindestens zehn bis zwölf Stationen ausarbeiten müssen, was aus zeittechnischen Gründen nicht möglich war.

Andrerseits ist der Schwierigkeitsgrad der Sach- bzw. Textaufgaben nicht zu unterschätzen. Die Schüler müssen sich zunächst einen Überblick über die Sachsituation verschaffen und sich über die Fakten im Text informieren, was ein sofortiges losrechnen verhindert. Zum Lösen dieser Aufgaben werden somit allgemeine mathematische Kompetenzen in unterschiedlicher Ausprägung benötigt, nämlich der Anforderungsbereich

I: „Reproduzieren" sowie der Anforderungsbereich II: „Zusammenhänge herstellen". [17] Um die Schüler in Einzel- und Partnerarbeit nicht zu überfordern und deren Motivation zu steigern erschien die Gruppenarbeit als geeignetere Sozialform.

Darüber hinaus mussten für den Übungszirkel allgemeine organisatorische Maßnahmen getroffen werden. In Absprache mit Herrn Singer wurde die Durchführung der Hausarbeit auf das Ende des Schuljahres gelegt, vom 18.07.2014 – 23.07.2014. Diese Ansetzung ist deshalb von Vorteil, da die Schüler zu jenem Zeitpunkt bereits den gesamten Unterrichtsstoff der fünften Jahrgangsstufe bewältigt hatten. Damit wurde gewährleistet, dass alle Themen des Übungszirkels bereits behandelt wurden und zur Wiederholung bzw. Übung geeignet sind. Für die eigentliche Bearbeitung der vier Übungsstationen erschien es als didaktisch sinnvoll, die Arbeitszeit auf jeweils zwei Doppelstunden zu verteilen, also insgesamt vier Schulstunden (eine Schulstunde pro Station). Deshalb wurden diese Termine mit den betreffenden Lehrkräften Frau Fleischmann und Frau Humbs abgesprochen.

3.2 Durchführung des Übungszirkels

Die Durchführung des Übungszirkels gliedert sich grob in drei Punkte. Zu Beginn mussten verschiedene Richtlinien in einem Vorgespräch und einer Einführung abgeklärt werden. Erst auf dieser Grundlage konnte der eigentliche Ablauf des Übungszirkels vollzogen werden. Die Nachbereitung mit schülerbezogener Evaluation sollte die Lernzirkelarbeit abrunden. Im folgenden Verlauf werden die drei Bereiche nun genauer erläutert.

3.2.1 Vorgespräch und Einführung

Zu Beginn des eigentlichen Übungszirkels war es unumgänglich, die Schüler in einem einführenden Gespräch auf den Ablauf dieser offenen Unterrichtsform vorzubereiten. Zum einen haben die Schüler der fünften Jahrgangsstufe normalerweise wenig Erfahrung mit einer Lernzirkelarbeit und zum anderen wurde dafür gesorgt, dass aufkommende Probleme während der Durchführung minimiert werden.

Die Einführung fand am 18.07.2014 statt, also unmittelbar vor Beginn des Übungszirkels und dauerte knapp 15 Minuten. In dieser wurde den Schülern alle Details zur Vorgehensweise, dem zeitlichen Rahmen und dem Aufbau einer Station (drei

[17] http://www.kmk.org/fileadmin/veroeffentlichungen_beschluesse/2003/2003_12_04-Bildungsstandards-Mathe-Mittleren-SA.pdf

Pflichtaufgaben mit einer Wahlaufgabe) erklärt. Im Anschluss hatten die Schüler ihrerseits die Möglichkeit Fragen zum Übungszirkel zu stellen.
Abschließend wurden die 23 Schüler in vier Gruppen eingeteilt (dreimal je sechs und einmal fünf Schüler). Die Einteilung wurde den Schülern selbst überlassen, da die Lehrkraft darauf Wert legte, dass die Mitglieder der Gruppe harmonieren, sich gut untereinander verstehen und Spaß am Arbeiten haben.

3.2.2 Ablauf

Nach der Einteilung der Gruppen wurden unter Anweisung der Lehrkraft die Sitzordnung aufgelöst und vier Übungsstationen im Klassenzimmer gebildet. Zur Bearbeitung bekam jeder Schüler das dazugehörige Stationenblatt. Alle Pflichtaufgaben der jeweiligen Übungsstation musste von den Schülern schriftlich auf einem Notizblatt gelöst werden, unter Berücksichtigung der dazugehörigen Rechenwege.
Wie bereits erwähnt wurde für jede Station ein großzügiges Zeitfenster von einer Schulstunde gewählt. Nach Einschätzung der Lehrkraft ist zwar eine Station in ca. 30 Minuten zu bewältigen, jedoch muss zusätzlich Zeit für das Positionieren der Tische bzw. der Gruppen und nachfolgende Aufräumarbeiten miteingerechnet werden. Außerdem erhielten die Schüler fünf Minuten Pause beim Wechsel der Stationen, um die Konzentration und Arbeitsbereitschaft neu zu stärken.
Während der Arbeitsphase stand der Lehrer den Gruppen als Berater zur Seite, um aufkommenden Fragen mit gezielten Impulsen entgegenzuwirken, ohne die Lösung zu verraten. Nachdem eine Gruppe die drei Pflichtaufgaben ihrer Station erledigt hatte, bestand die Möglichkeit der Selbstkontrolle anhand des Lösungsvorschlags, konzipiert von der Lehrkraft, der am Lehrerpult auslag. Als alle Gruppen ihre Pflichtaufgaben kontrolliert hatten, wurde der Wechsel zur nächsten Station vollzogen.
Der hier geschilderte Ablauf galt auch für die zweite Doppelstunde am 23.07.2014, in der der Übungszirkel nahtlos fortgesetzt wurde.

3.2.3 Nachbereitung

Die Nachbereitung des Übungszirkels erfolgte genau genommen in zwei Stufen, nämlich zuerst durch die Selbstkontrolle der Schüler und abschließend in einer einstündigen Besprechung. Das Prinzip der Selbstkontrolle wurde deshalb gewählt, da es die direkte Kontrolle der gerade bearbeiteten Aufgaben liefert. Somit erhalten die Schüler sofortige

Rückschlüsse auf den Lösungsweg. Einen weiteren Vorteil den die Selbstkontrolle mit sich bringt ist die Erziehung der Schüler zu mehr Eigenverantwortung, Selbstvertrauen und Selbstdisziplin. Die Schüler können damit ihre eigene Leistung bewerten, unabhängig vom Eingreifen der Lehrkraft und lernen sich besser einzuschätzen.

An dieser Stelle ist anzumerken, dass die Lösungsvorschläge nur unter Absprache mit der Lehrkraft weitergegeben wurden, um einen „Missbrauch" hinsichtlich der vorzeitigen Kontrolle zu verhindern.[18]

Der zweite Teil der Nachbereitung erfolgte in einer abschließenden Besprechung, ebenfalls am 23.07.2014, unmittelbar nach der 2. Doppelstunde. Die Besprechung bezog sich dabei nur auf einzelne Teilaufgaben, welche den meisten Schülern größerer Probleme bereitet hatte. Diese wurden an der Tafel nochmals schrittweise aufgearbeitet. Auf eine vollständige Kontrolle des Übungszirkels wurde bewusst verzichtet, da die Schüler den Großteil der Aufgaben bereits anhand der Selbstkontrolle richtig verbessert hatten. Außerdem wäre dies auch aus Zeitgründen gar nicht möglich gewesen. Zum Ende der Besprechung sprach die Lehrkraft den Schülern ein Lob aus. Die Motivation und Arbeitsmoral der Klasse war während des gesamten Übungszirkels als vorbildlich einzustufen.

Nachdem sich die Schüler persönlich zum absolvierten Übungszirkel äußern durften, teilte die Lehrkraft einen Reflexionsbogen aus, um auch eine Rückmeldung in schriftlicher Form zu erhalten.[19] Das Ausfüllen des Bogens erfolgte anonym, wobei sich die Schüler beispielsweise nochmals dazu äußern konnten, wie ihnen der Übungszirkel gefallen hat, welche Station ihnen am meisten Spaß bereitete oder ob es Probleme in der Gruppe gab. Die detaillierte Analyse zur Schülerreflexion findet sich im Punkt 4.3 „Evaluation von Schülerseite".

[18] Hans- Jürgen van der Gieth, Lernzirkel- Die neue Form des Unterrichts, S.58

[19] Der Evaluationsbogen ist im Anhang zu finden

4. Reflexion

4.1 Der Ablauf im Rückblick

Wenn man den Übungszirkel im Nachhinein betrachtet, gibt es Teilbereiche, die bei der Umsetzung sowie während des Arbeitsprozesses sehr gut funktioniert haben und somit beibehalten werden sollen, aber auch jene, welche verbesserungswürdig sind. Im folgenden Abschnitt wird deshalb der Ablauf des Übungszirkels chronologisch reflektiert und aufgearbeitet.

Das Einführungsgespräch zu Beginn des Übungszirkels war in jeder Hinsicht notwendig, um einen reibungslosen Ablauf zu gewährleisten. Somit konnten bereits im Vorfeld wichtige Fragen geklärt werden, sodass während der Durchführungsphase ein flüssiges Bearbeiten der Stationen möglich war. Die Schüler zeigten sich insgesamt sehr motiviert, mit einer hervorragenden Arbeitseinstellung, was sich beispielsweise darin zeigte, dass drei Gruppen neben ihren Pflichtaufgaben mindestens zwei von vier Wahlaufgaben zusätzlich bearbeitet hatten. Das Übungszirkelthema „Fußball WM 2014 in Brasilien" mit den realitätsnahen Aufgabenstellungen kann dabei durchaus als Triebfeder der Schülermotivation gesehen werden. Die Beraterrolle des Lehrers hat sich in der Nachbetrachtung dagegen als ein Kritikpunkt herausgestellt. Zwar waren die Impulse und Tipps für die Schüler hilfreich und stets zielführend, jedoch wurde der Rat der Lehrkraft zu oft in Anspruch genommen. Da der Übungszirkel die Intention verfolgt, den Schülern möglichst alle Aufgaben eigenständig lösen zu lassen, hätte die Lehrkraft diesen Aspekt noch besser berücksichtigen sollen.

Als Verbesserungsvorschlag wäre unter anderem eine „Erste- Hilfe- Station" zu nennen, welche mit allgemeinem Informationsmaterial zu den einzelnen Stationen (z.B. allgemeine Volumenformel / Oberflächenformel verschiedener Figuren, Umrechnungszahlen, etc.) ausgestattet ist. Somit könnten sich die Schüler zunächst an der Hilfsstation orientieren. Erst wenn die Problemstellung danach immer noch nicht gelöst werden kann, sollte der Rat der Lehrkraft miteinfließen.

Die Nachbereitung, welche bereits mit der Selbstkontrolle der Schüler verbunden wurde kann als absolut positiv bewertet werden. Auch für die Lehrkraft war es in dieser Hinsicht sehr schön zu beobachten, wie sorgfältig die Schüler ihre eigene Korrektur übernahmen.

Die nachfolgende Besprechung mit einzelnen Teilaufgaben an der Tafel, welche am meisten Probleme bereiteten, erfüllte wie beabsichtigt ihren Zweck.
Mit dem Ausfüllen des Evaluationsbogens wurde das Projekt Übungszirkel abgeschlossen, was von den Schülern gewissenhaft erledigt wurde.
Als Resümee ist noch anzumerken, dass die Lehrkraft mit dem gesamten Ablauf sehr zufrieden war, wobei die angeführte Kritik in einem zukünftigen Projekt beherzigt werden sollte und der Übungszirkel dahingegen verbessert werden muss.

4.2 Zusammenstellung der Aufgaben

Bei der Zusammenstellung der Aufgaben gibt es rückblickend mehrere Aspekte die analysiert werden können. Als erstes ist auf die Anzahl der gestellten Aufgaben bzw. der einzelnen Stationen einzugehen. Dabei hat sich die Wahl von vier Stationen mit jeweils drei Pflichtaufgaben und einer Wahlaufgabe zur Möglichkeit der Differenzierung als vollkommen ausreichend herausgestellt. Wie im Vorfeld vermutet, wich die Bearbeitungszeit für die drei Pflichtaufgaben einer Station zwischen den vier Gruppen stark ab. Da vor allem zwei der vier Gruppen, aufgrund ihres zügigen Arbeitstempos eine zusätzliche Aufgabe benötigten, stellte sich das Angebot der Wahlaufgaben als absolut vorteilhaft heraus.
Als nächstes ist die Aufgabenzusammenstellung der einzelnen Stationen bezüglich der Arbeitszeit zu evaluieren. Es war festzustellen, dass alle Pflichtaufgaben der vier Stationen in der dafür beabsichtigten Zeit von ca. 30 Minuten gelöst werden konnten. Somit stellte sich die Zusammensetzung der einzelnen Stationen als insgesamt ausgewogen dar, mit Ausnahme der Station 1, welche von allen Gruppen die meiste Arbeitszeit abverlangte. Hier ist anzumerken, dass vor allem bei Aufgabe 1: „Die fünf Großen!“ sehr viel Zeit in Anspruch genommen wurde, da den Schülern das Umrechnen, mit abschließendem Ordnen der entsprechenden Spielflächen unerwartet schwer fiel. Deshalb sollten bei dieser Aufgabe entweder die Angaben reduziert (z.B. nur drei Fußballstadien vergleichen lassen) oder die Flächenangaben vereinfacht werden (z.B. Angaben ohne Kommaschreibweise).
Zuletzt ist noch der Schwierigkeitsgrad einzelner Pflichtaufgaben bezüglich der Arbeitsaufträge zu bewerten. Da der Übungszirkel einen Schwerpunkt auf Sach- und Textaufgaben beinhaltet, ist die Formulierung der Aufgabenstellung von besonderer Bedeutung. Aufgrund der Tatsache, dass vor allem Sachaufgaben stets mehr Informationen enthalten, als zum Beantworten der konkret vorgegebenen Fragen erforderlich sind, wird

der Schüler gezwungen sich zuerst einen Überblick über die Sachsituation zu verschaffen, um danach einen Lösungsweg zu entwickeln. Insgesamt klappten das Verarbeiten der Informationen sowie die Entwicklung der Lösungsansätze in der Nachbetrachtung sehr gut. Dafür ist aber auch die gewählte Sozialform der Gruppenarbeit verantwortlich, da die Schüler sich in ihren Ideen absprechen konnten und somit nicht auf sich allein gestellt waren.

Trotzdem konnte der Lehrer vor allem bei zwei Pflichtaufgaben Schwierigkeiten in der Bearbeitung feststellen. Einerseits die schon zuvor angesprochene Aufgabe „Die fünf Großen!" aus Station 1 und andrerseits die Aufgabe 2: „Das Luxushotel!" aus Station 4, welche zur Lösung einen x- Ansatz verlangte. Die Problematik lag vordergründlich in der Erstellung der richtigen Gleichung. Ob eine Umformulierung der Aufgabe eine Erleichterung darstellt, ist eher fragwürdig da dies ansonsten das Anforderungsprofil der Aufgabe komplett verändern würde.

Abgesehen von diesen beiden Aufgaben waren die Anforderungen und damit das Anspruchsniveau des Übungszirkels absolut angemessen, was sich auch in der Schülerevaluation, welche im Punkt 4.3 folgt, wiederspiegelt.

4.3 Evaluation von Schülerseite

Natürlich ist bei einem Projekt dieser Art nicht nur das Feedback der Lehrkraft von Bedeutung, sondern auch die Meinungen und Einschätzungen der Schüler, die im folgenden Unterpunkt zusammengefasst werden.

Neben der Möglichkeit sich mündlich zum Übungszirkel zu äußern, wurde für die Schüler ein Evaluationsbogen angefertigt, um möglichst detailliert die Eindrücke der Schüler auswerten zu können. Hierzu wurden diverse Fragen, wie ihnen der Übungszirkel gefallen hat, ob es Probleme gab, welche Teilbereiche ihnen besonders gut beziehungsweise schlecht gefallen haben, behandelt. Das Gesamtergebnis sah dabei folgendermaßen aus:

Abb. 4: Auswertung Reflexionsbogen (1)

Die Auswertung des Kreisdiagramms mit den prozentualen Angaben bestätigt damit den Eindruck, den auch die Lehrkraft während des Übungszirkels feststellen konnte. Ein Großteil der Schüler gefiel die Arbeit mit den Stationen zur Fußball – WM 2014 in Brasilien. Sechs Schüler stimmten für „sehr gut“, zehn Schüler für „gut“, fünf Schüler für „geht so“ und zwei Schüler für „nicht“. Die Antwortmöglichkeit „gar nicht“ erhielt keine Stimme.

Dieses Ergebnis ist sehr erfreulich, weil die meisten Schüler mit Spaß und Begeisterung an den Stationen gearbeitet haben und dies nun auch im Nachhinein bestätigt hatten. Leider konnte die Lehrkraft nicht in Erfahrung bringen worin die Gründe der beiden Schüler lagen, welcher der Übungszirkel nicht gefiel, da die Evaluation anonym ablief. Da aber das Thema Fußball WM 2014 in Brasilien in der Klasse sehr gelobt wurde ist zu vermuten, dass die beiden Schüler entweder Probleme in ihrer Arbeitsgruppe hatten oder einzelne Aufgabenstellungen nicht verstanden haben bzw. nicht lösen konnten.

Da bei Sach- und Textaufgaben die Arbeitsaufträge aufgrund der Fülle an Informationen von großer Bedeutung sind, wird auch dieser Punkt in der Evaluation hervorgehoben. Die entsprechende Bewertung der Schüler sah dabei folgendermaßen aus:

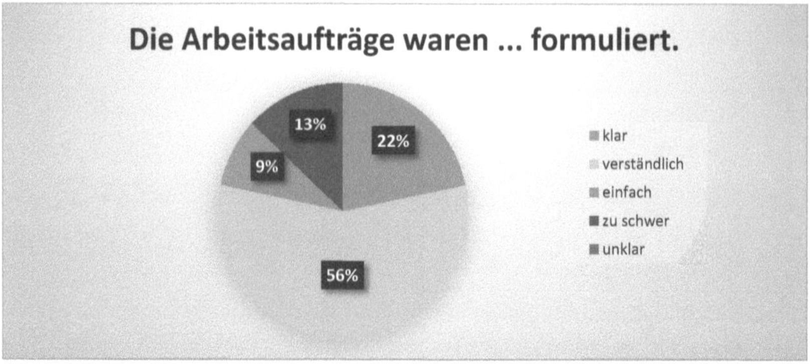

Abb. 5: Auswertung Reflexionsbogen (2)

Insgesamt zeigt diese Auswertung, dass der Schwierigkeitsgrad der Sach- und Textaufgaben mit den dazugehörigen Arbeitsaufträgen auf jeden Fall dem Anspruchsniveau der Schüler gerecht wird. Fünf Schüler empfanden die Arbeitsaufträge als „klar“ und dreizehn Schüler als „verständlich“ formuliert. Lediglich zwei Schüler stimmten für „einfach“ bzw. drei Schüler für „zu schwer“.

Bei den offenen Fragen, was den Schülern besonders gut gefallen hat, wurde oft genannt, dass man viel gelernt hat und in der Gruppe arbeiten konnte. Negativ wurde beurteilt, dass einzelne Aufgaben zu schwer waren. Drei ausgefüllte Evaluationsbögen der Schüler sind im Anhang beigefügt.

5. Fazit

Insgesamt gesehen kann man den Übungszirkel zur Fußball WM 2014 in Brasilien durchaus als Erfolg bezeichnen. Die Schüler waren mit Freude und Motivation an der Arbeit, wobei auf jeden Fall ein Lerneffekt hinsichtlich Sach- und Textaufgaben erzielt wurde. Zudem wurden wichtige Schlüsselqualifikationen, wie die Teamfähigkeit oder Kommunikationsfähigkeit geschult, aber auch eigenverantwortliches Arbeiten.
Außerdem war es eine Abwechslung zum normalen Schulalltag, bei dem die Schüler den Lern- bzw. Übungszirkel, als eine Methode der Freiarbeit kennen lernen konnten.
Abschließend ist noch hinzuzufügen, dass auch die Lehrkraft trotz des organisatorischen Aufwands auch in Zukunft an Freiarbeitsmethoden wie einem Übungszirkel festhält, da das selbständige Arbeiten der Schüler auch weiterhin maßgeblich gefördert werden soll.

III. Literaturverzeichnis

- Lehrplan der bayerischen Realschule

- Englmaier Christa, Götz, Franz-Josef, Liebau Bernd, Mohr Katja, Widl Josef: Mathematik 5; Westermann Schulbuchverlag, 1. Auflage, Braunschweig 2009

- Englmaier Christa, Widl Josef: Mathematik 5 Arbeitsheft; Westermann Schulbuchverlag, 1. Auflage, Braunschweig 2009

- Gierse, Klaus / Hausknecht, Heinrich u.a.: Mathematik 5 XQuadrat; Oldenbourg Schulbuchverlag GmbH, 1. Auflage 2009 Ausgabe B Neubearbeitung, München, 2009.

- Schillinger, Dieter: Mathematik aktuell 5 , Schülerarbeitsheft für den Mathematikunterricht, BDS Verlag, 7. Auflage, Ochsenfurt, 2011.

- Gerhard Reich / Dr. Günter Rothmeier: Thema Mathe, Mathematik für sechsstufige Realschulen; 1. Auflage

- Hans- Jürgen van der Gieth: Lernzirkel – Die neue Form des Unterrichts; Buch Verlag Kempen, 2. Auflage 2001

- Herrman Schulze: „...und morgen fangen wir an!" – Bausteine für Freiarbeit und offenen Unterricht in der Sekundarstufe; AOL- Verlag, 1. Auflage 2000

- Gertraud Zimmermann: Freies Arbeiten in der Sekundarstufe – Materialien Mathematik, Auer Verlag GmbH 1.Auflage 1997

IV. Quellenverzeichnis

Internetquellen:

- http://methodenpool.uni-koeln.de/stationenlernen/stationenlernen_kurzbeschreibung.html [02.08.2014]

- http://ganztag-blk.de/ganztags-box/cms/upload/ind_foerderung/Planungsvorschlag/lesematerial.pdf [02.08.2014]

- http://www.mhaensel.de/unterrichtsmethoden/lernzirkel.html [03.08.2014]

- http://www.schulewirtschaft-bayern.de/files/File/Publikationen/Lernzirkel-Berufsorientierung.pdf [03.08.2014]

- http://methodenpool.uni-koeln.de/stationenlernen/stationenlernen_darstellung.html [03.08.2014]

- https://www.unidue.de/~hg0222/index.php?option=com_content&view=article&id=342:lernzirkel-erec-methode-lernzirkel&catid=82&Itemid=336 [05.08.2014]

- http://www.wm2014-infos.de/wm2014-stadien/ [12.07.2014]

- http://www.wm2014-infos.de/portrait-wm-2014-stadion-maracana-in-rio-de-janeiro/ [12.07.2014]

- http://www.entfernungsrechner.net/de/distance/city/3450554/city/3399415 [03.07.2014]

- http://www.flaggenlexikon.de/femwm14.htm [05.07.2014]

- http://de.wikipedia.org/wiki/FIFA-WM-Pokal [05.07.2014]

- http://www.welt.de/sport/fussball/wm-2014/article128848278/Schiedsrichter-lehnen-das-neue-Freistoss-Spray-ab.html [05.07.2014]

- http://de.wikipedia.org/wiki/S%C3%BCdamerika [05.07.2014]

- http://de.wikipedia.org/wiki/Textaufgabe [12.08.2014]

- http://www.springer.com/cda/content/document/cda_downloaddocument/9783827419958 [05.08.2014]

- http://www.kmk.org/fileadmin/veroeffentlichungen_beschluesse/2003/2003_12_04-Bildungsstandards-Mathe-Mittleren-SA.pdf [12.08.2014]

Bildquellen:

- http://www.spiegel.de/sport/fussball/deutschland-ist-weltmeister-goetze-macht-1-0-gegen-argentinien-a-980804.html [25.07.2014]

- http://www.steyr.info/blog/wp-content/uploads/2014/06/Fifa-WM-2014.png [15.07.2014]

- http://physioraum.ch/wordpress9/wp-content/uploads/2013/11/FIFA-WM-2014-gamezone.jpg [15.07.2014]

- http://www.wm2014-infos.de/portrait-wm-2014-stadion-maracana-in-rio-de-janeiro/ [02.07.2014]

- http://www.wm2014-infos.de/portrait-wm-2014-stadion-estadio-mineirao-in-belo-horizonte/ [02.07.2014]

- http://www.wm2014-infos.de/portrait-wm-2014-stadion-arena-de-sao-paulo/ [02.07.2014]

- http://www.wm2014-infos.de/portrait-wm-2014-stadion-nacional-in-brasilia/wm-2014-stadion-estadio-nacional-brasilia-01/ [02.07.2014]

- http://www.vietentours.com/images/bilder-brasilien/spielorte2014.jpg [02.07.2014]

- http://www.oldie95.de/var/ezflow_site/storage/images/media/images/fussball-wm-2014-flugzeug-nationalmannschaft/43337283-2-ger-DE/Fussball-WM-2014-Flugzeug-Nationalmannschaft_image_660.jpg [03.07.2014]

- http://www.wallart.de/out/pictures/generated/product/2/680_472_80/Wandtattoo_flugzeug_einzel_web.jpg [02.07.2014]

- http://www.duden.de/_media_/full/D/Draufsicht-201020547766.jpg [05.07.2014]

- http://www.flaggenlexikon.de/femwm14.htm [12.07.2014]

- http://www.sky.de/web/cms/static/img/sport_news_bilder/manaus_768_2-445x250.jpg [02.07.2014]

- http://fudder.de/uploads/tx_nidagnewsteaser/wmpokal.jpg [05.07.2014]

- http://img.welt.de/img/wm-2014/crop128848276/1846608501-ci3x2s-w300-ai2x3l/Martin-U-K-Lengemann.jpg [07.07.2014]

- http://www.sport-greifenberg.de/bilder/produkte/gross/Adidas-Predator-Instinct-TRX-FG-WM-2014-Fussballschuhe.jpg [02.07.2014]

- http://www.designtagebuch.de/wp-content/uploads/mediathek//2013/09/fifa-world-cup-2014-poster.jpg [04.07.2014]

- http://upload.wikimedia.org/wikipedia/commons/thumb/e/e7/Necker_cube.svg/1138px-Necker_cube.svg.png [10.07.2014]

- http://www.medienwerkstatt-online.de/products/wochenplan_cd/grcs/gruppenarbeit.gif [02.07.2014]

- http://www.wichtelwiese.de/shop/images/product_images/popup_images/12/F8.jpg [08.07.2014]

- http://www.11teamsports.de/Data/Images/Big/adidas-dfb-stutzenstrumpf-stutzen-away-deutschland-deutscher-fussballbund-wm-2014-rot-schwarz-g74530.jpg [08.07.2014]

- http://www.5-freunde-im-abseits.de/wp-content/plugins/Deutschland_Trikot_WM_2014.jpg [08.07.2014]

- http://cdn.idealo.com/folder/Product/4159/2/4159210/s1_produktbild_mid/adidas-deutschland-home-shorts-junior-2013-2014.jpg [08.07.2014]

- https://www.fussballoutlet24.de/images/produkte/i34/Adidas-DFB-Deutschland-Home-Stutzen-WM-2014-Weiss-345116.jpg [08.07.2014]

- http://www.stadionwelt-business.de/images/news/1374669441.jpg [14.07.2014]

- http://rlv.zcache.ch/sudamerikanische_flaggen_von_sudamerika_karte_aufkleber-r56a2f0cb9c4a45c69769ac77a830d53a_v9wth_8byvr_512.jpg [05.07.2014]

- http://rlv.zcache.ch/sudamerikanische_flaggen_von_sudamerika_karte_aufkleber-r56a2f0cb9c4a45c69769ac77a830d53a_v9wth_8byvr_512.jpg [05.07.2014]

- http://www.dertour.de/news/campo-bahia/ [06.07.2014]

- http://www.experto.de/umfragen-erstellen-1280px-854px0.jpg [10.07.2014]

- https://www.brain-at-work.de/data/media/31/3119_250x320_beetools_cms_modul_umfrage.jpg [10.07.2014]

VI. Anhang

6.1 Angaben der Übungsstationen 1 – 4

6.2 Lösungsvorschläge der Übungsstationen 1 - 4

6.3.Reflexionsbogen leer

6.4 Stundenverläufe

Station 1:

Aufgabe 1: Die fünf Großen!

Die Fußball- WM 2014 in Brasilien wurde in zwölf verschiedenen Stadien ausgetragen. Hier siehst du die fünf größten Stadien (Zuschauerzahl) der WM.

1. Wie viele Zuschauer haben in den fünf größten Stadien der WM insgesamt Platz? Berechne die Gesamtanzahl!

2. Welches Spielfeld ist das Größte? Ordne die Flächen der Größe nach und verwende das Zeichen „<“!

(Abbildung aus urheberrechtlichen Gründen entfernt)

Estádio Mineirão:
62.547 Zuschauer
Spielfläche: ca. 7700m²

(Abbildung aus urheberrechtlichen Gründen entfernt)

Arena de São Paulo:
65.807 Zuschauer
Spielfläche: ca. 0,7140ha

(Abbildung aus urheberrechtlichen Gründen entfernt)

Estádio Castelão:
64.846 Zuschauer
Spielfläche: ca. 0,008140km²

(Abbildung aus urheberrechtlichen Gründen entfernt)

Estádio do Maracanã:
76. 804 Zuschauer
Spielfläche: ca. 82,50a

(Abbildung aus urheberrechtlichen Gründen entfernt)

Estádio Nacional de Brasilia:
70.042 Zuschauer
Spielfläche: ca. 742000dm²

Aufgabe 2: Flächenvergleich!

Das Land Brasilien ist ungefähr 24-mal so groß wie Deutschland. Welche Fläche hat Deutschland, wenn Brasilien ca. 8.514216 km² groß ist?

Aufgabe 3: Eine Menge Rasen!

(Abbildung aus urheberrechtlichen Gründen entfernt)

Die Arena da Amazonia ist ein Fußballstadion in der brasilianischen Stadt Manaus, das extra für die WM 2014 gebaut wurde. Dazu musste erst ein neuer Rasen verlegt werden.

1. Wie groß ist der Flächeninhalt des Spielfeldes? (siehe Skizze)

2. Welche Kosten sind entstanden, wenn $1m^2$ Rasen 6,90€ gekostet hat?

Skizze: Die Rasenfläche der Arena da Amazonia

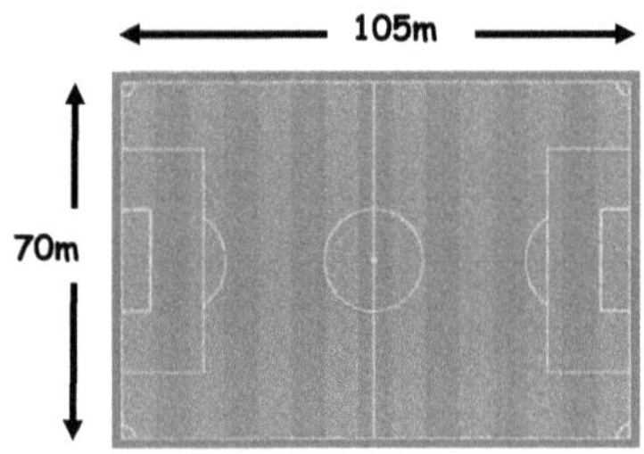

Wahlaufgabe:

Simon und Laura haben sich Fußballtrikots der deutschen Nationalmannschaft gekauft. Zusammen haben die Trikots einen Wert von 200,00€. Wie viel haben die Trikots jeweils einzeln gekostet, wenn Simons Trikot 5,00€ teurer war?

Station 2:

Aufgabe 1: Brasilien ist ein großes Land!

Die Spiele der deutschen Nationalmannschaft fanden an unterschiedlichen Spielorten in Brasilien statt, die weit voneinander entfernt sind (siehe Spielplan).

Berechne die gesamte Reisestrecke, die die Nationalmannschaft während des Turniers in Brasilien zurückgelegt hat!

Spielplan:

1. Spiel in Salvador: Deutschland – Portugal 4:0
Entfernung Salvador nach Fortaleza: **1029km**

2. Spiel in Fortaleza: Deutschland – Ghana 2:2
Entfernung Fortaleza nach Recife: **630km**

3. Spiel in Recife: Deutschland – USA 1:0
Entfernung Recife nach Porto Alegre: **2979km**

Achtelfinale in Porto Alegre: Deutschland – Algerien 2:1 n.V.
Entfernung Porto Alegre nach Rio de Janeiro: **1125km**

Viertelfinale in Rio de Janeiro: Deutschland – Frankreich 1:0
Entfernung Rio de Janeiro nach Belo Horizonte: **340km**

Halbfinale in Belo Horizonte: Deutschland – Brasilien 7:1
Entfernung Belo Horizonte nach Rio de Janeiro: **340km**

Finale in Rio de Janeiro: Deutschland – Argentinien 1:0 n.V.

Aufgabe 2: Werbung für den Fußball!

Vor der WM in Brasilien wurde auch mit Werbewürfel auf diese Großveranstaltung aufmerksam gemacht. Dazu wurden Plakate der Länge bzw. Breite von 3,5m verwendet.

1. Wie groß ist die plakatierte Oberfläche eines Werbewürfels, wenn die Bodenfläche des Würfels nicht beklebt wird?
2. Berechne die Kosten für einen Werbewürfel, wenn eine Plakatseite 27,95€ kostet!

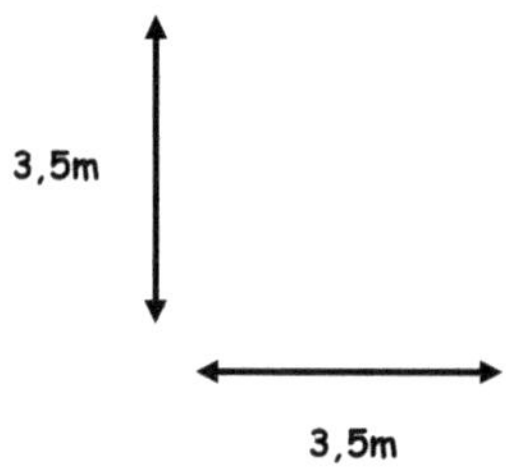

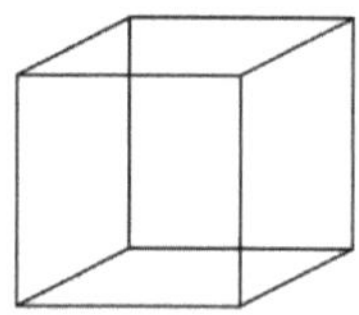

Aufgabe 3: Der Pokal ist ein Vermögen wert!

In den beiden unteren Kästen sind verschiedene Angaben zum WM- Pokal sowie dem offiziellen WM- Ball vorgegeben.

Ergänze die Lücken für die angegebenen Einheiten!

Abb. FIFA-WM-Pokal	
	Höhe: 36,8cm = ______________m
	Gewicht: 6,175kg = ______________g
	Wert: 114600€ = ______________ct

Abb. Fußball	
	en: 5348cm ^{3} = ______________
	ht: 410g = ______________mg
	läche: 1560cm ^{2} = ______________m

Schon fertig?

Wahlaufgabe:

Jana und Tobias kaufen sich nach dem Fußballtraining einen Eisbecher. Die Beiden haben vier Lieblingseissorten, nämlich Vanille, Schokolade, Zitrone und Banane. Wie viele Eisbecher mit je drei verschiedenen Kugeln können Jana und Tobias bestellen?

Station 3:

Aufgabe 1: Was ziehen wir heute an?

Die deutsche Nationalmannschaft hat zwei verschiedene Fußballoutfits für die WM 2014 in Brasilien, in weißer und schwarzer Ausführung. Dazu gehören das Trikot, die Hose und natürlich die Stutzen.

1. Auf wie viele verschiedene Arten kann man sich ankleiden, wenn man alle Teile beider Outfits frei kombinieren darf? Löse die Aufgabe mit Hilfe eines Baumdiagramms!

2. Gib anhand des Baumdiagramms die Rechnung an, mit der alle Kombinationsmöglichkeiten sofort ablesbar sind!

Abb. Fußbaltrikots (2 T-Sirts, 2 Hosen, 2 Paar Strümpfe)

(Abb. Aus urheberrechtlichen Gründen entfernt)

Aufgabe 2: Wasser marsch!

In den WM - Stadien wird jeder Rasen regelmäßig gewässert damit sich dieser möglichst schnell regenerieren kann. Das Wasser macht den Rasen bzw. den Ball schneller, was auch dem Kurzpassspiel der deutschen Nationalmannschaft entgegenkommt. Die Bewässerung erfolgt durch Rasensprenger, welche unterirdisch auf riesige Wassertanks zugreifen.

1. Berechne das Volumen eines quaderförmigen Wassertanks mit Länge 20m, Breite 15m
und einer Höhe von 5m! Wandle das Ergebnis in Liter um!

2. Die Rasensprenger im Stadion versorgen $1m^2$ Rasen mit ca. 10 Liter

Aufgabe 3: Sammelbestellung!

Die Klasse 5b bestellt für alle 23 Schüler ein Deutschlandtrikot zum Preis von 816,50€. Als die Schüler der 5a eine Woche später davon erfahren wollen sie auch bestellen. Wie teuer wird die Bestellung für die 26 Schüler der 5a?

Schon fertig?

Wahlaufgabe:

Auf einem Zeitungsbild stehen sieben Nationalspieler nebeneinander. Neuer steht am linken Bildrand und hat wie Lahm nur einen Nachbarn. Kroos steht in der Mitte und neben Boateng. Schweinsteiger steht nicht neben Kroos und Lahm. Müller steht zwischen Lahm und Götze. Ordne die Spieler auf dem Foto von links nach rechts!

Station 4:

Aufgabe 1: Die südamerikanischen Teilnehmer!

Bei der Fußball- WM 2014 nehmen neben Gastgeber Brasilien fünf weitere südamerikanische Länder teil, welche du in der unteren Tabelle findest.
Löse dazu die folgenden Aufgaben:

1. Welches Land hat die drittmeisten Einwohner und welches die zweitkleinste Fläche?

2. Um wie viel Einwohner hat Brasilien mehr als Argentinien, Kolumbien und Chile zusammen?

Land	Flagge	Einwohner	Fläche (km^2)
Argentinien	(Abb. aus urheberrechtlichen Gründen entfernt)	40.518.951	2.766.890
Brasilien	(Abb. aus urheberrechtlichen Gründen entfernt)	193.252.604	8.514.215
Chile	(Abb. aus urheberrechtlichen Gründen entfernt)	17.094.270	756.950
Ecuador	(Abb. aus urheberrechtlichen Gründen entfernt)	14.211.750	283.560
Kolumbien	(Abb. aus urheberrechtlichen Gründen entfernt)	45.528.082	1.138.910
Uruguay	(Abb. aus urheberrechtlichen Gründen entfernt)	3.352.723	176.220

Aufgabe 2: Das Luxushotel!

Während der WM übernachten die deutschen Spieler im Luxushotel Campo Bahia. Wie viel kostet die Übernachtung am Tag für einen Spieler, wenn er im Zeitraum von 08.06.2014 - 14.07.2014 eine Rechnung über 15840€ bezahlen musste?

Au[illegible]be 3: Die neuen Innovationen!

In den beiden unteren [illegible]en sind verschiedene Angaben zum neueingesetzten Freistoßspray und eines brandaktuellen Fußballschuhes der WM vorgegeben.

Ergänze die Lücken für die angegebenen Einheiten!

Höhe: 15,3cm = ____________mm

Gewicht: 120g = ____________kg

Volumen: 147ml

Länge (Stollen): 12,8mm = ________m

Gewicht: 0,225kg = ____________g

Wert: 219,95€ = ____________ct

Schon fertig?

Wahlaufgabe:

Bei einer WM kämpfen 32 Mannschaften um den Titel. Überlege wie viele Spiele eine Mannschaft spielen muss um Weltmeister zu werden und wie viele Spiele in der gesamten WM absolviert werden!

Tipp: Jede Gruppe hat sechs Vorrundenspiele!

Station 1:

Lösungsvorschlag Aufgabe 1: Die fünf Großen!

1.1 62547 + 65807 + 64846 + 76804 + 70042 = 340046 Zuschauer

Antwort: Die Gesamtanzahl der Zuschauer beträgt 340046.

1.2 0,7140 ha < 742000dm² < 7700m² < 0,008140 km² < 82,50 a

Antwort: Das größte Spielfeld ist im Estadio do Maracana.

Lösungsvorschlag Aufgabe 2: Flächenvergleich!

8514216 km² : 24 = 354759 km²

Antwort: Deutschland hat ca. eine Fläche von 354759 km².

Lösungsvorschlag Aufgabe 3: Eine Menge Rasen!

3.1 105m * 70m = 7350m²

Antwort: Das Spielfeld hat einen Flächeninhalt von 7350m².

3.2 7350 * 6,90€ = 50715€

Antwort: Die Gesamtkosten für den Rasen betragen 50715€.

Lösungsvorschlag Wahlaufgabe:

Simons Trikot ist um 5,00€ teuer:
200,00€ - 5,00€ = 195,00€

195,00€ : 2 = 97,50€

Antwort: Das Trikot von Simon hat 102,50€ gekostet, das Trikot von Laura 97,50€.

Station 2:

Lösungsvorschlag Aufgabe 1: Brasilien ist ein großes Land!

1029 + 630 + 2979 + 1125 + 340 + 340 = 6443km

Antwort: Die Nationalmannschaft hat in Brasilien 6443km zurückgelegt.

Lösungsvorschlag Aufgabe 2: Werbung für den Fußball!

2.1 $O_W = 6 * a^2 = 6 * (3{,}5m)^2 = 6 * 3{,}5m * 3{,}5m = 6 * 12{,}25m^2 = 73{,}5m^2$

Abzug der Bodenfläche: $73{,}5m^2 - 12{,}25m^2 = 60{,}75m^2$

Antwort: Die plakatierte Oberfläche des Werbewürfels beträgt $60{,}75m^2$.

2.2 5 * 27,95€ = 139,75€

Antwort: Die Kosten für einen Werbewürfel betragen 139,75€.

Lösungsvorschlag Aufgabe 3: Der Pokal ist ein Vermögen wert!

Abb. FIFA-WM-Pokal	Höhe: 36,8cm = 0, 368 m Gewicht: 6,175kg = 6175 g Wert: 114600€ = 11460000 ct

Abb. Fußball	Volumen: $5348cm^3$ = 5,348 l Gewicht: 410g = 410000 mg Oberfläche: $1560cm^2 = 0{,}1560\ m^2$

Lösungsvorschlag Wahlaufgabe:

Eisbecher 1: Vanille, Schokolade, Zitrone
Eisbecher 2: Vanille, Schokolade, Banane
Eisbecher 3: Vanille, Zitrone, Banane
Eisbecher 4: Schokolade, Zitrone, Banane

Antwort: Die Beiden können sich vier verschiedene Eisbecher bestellen.

Station 3:

Lösungsvorschlag Aufgabe 1: Was ziehen wir heute an?

1.1 Baumdiagramm (graphische Lösung an der Tafel)

1.2 Rechnung: Anzahl der Äste: 1 + 1 + 1 + 1 + 1 + 1 + 1 + 1 = 8

Antwort: Es gibt acht Kombinationsmöglichkeiten.

Lösungsvorschlag Aufgabe 2: Wasser marsch!

2.1 $V_Q = 20m * 15m * 5m = 1500m^3 = 1500000dm^3 = 1500000l$

Antwort: Das Volumen des Wassertanks beträgt 1500000 Liter.

2.2 8250 * 10l = 82500l

Antwort: Für die Rasenfläche sind 82500 Liter Wasser nötig.

Lösungsvorschlag Aufgabe 3: Sammelbestellung!

23 Schüler = 816,50€ = 81650ct

1 Schüler = 81650ct : 23 = 3550ct = 35,50€

26 Schüler = 3550ct * 26 = 92300ct = 923,00€

Antwort: Die Bestellung der 5a kostet 923,00€.

Lösungsvorschlag Wahlaufgabe:

Antwort: Die Reihenfolge auf dem Zeitungsbild von links nach rechts lautet:

Neuer, Schweinsteiger, Boateng, Kroos, Götze, Müller, Lahm

Station 4:

Lösungsvorschlag Aufgabe 1: Die südamerikanischen Teilnehmer!

1.1 drittmeiste Einwohner: Argentinien; zweitkleinste Fläche: Ecuador;

Antwort: Die gesuchten Länder sind Argentinien und Ecuador.

1.2 Einwohner Argentinien + Kolumbien + Chile;
40518951 + 45528082 + 17094270 = 103141303

Unterschied zu Brasilien: 193252604 - 103141303 = 90111301 Einwohner

Antwort: Brasilien hat um 90111301 Einwohner mehr.

Lösungsvorschlag Aufgabe 2: Das Luxushotel!

Anzahl der Übernachtungen: 08.06 - 14.07.2014 entspricht 36 Tage

→ Ansatz: X * 36 = 15840€
X = 15840€ : 36 = 440€

Antwort: Ein Spieler muss 440€ für eine Übernachtung bezahlen.

Lösungsvorschlag Aufgabe 3: Die neuen Innovationen!

Abb. Trinkflasche	
	Höhe: 15,3cm = 153 mm
	Gewicht: 120g = 0,120 kg
	Volumen: 147ml = 0,147 dm³

Abb. Fußball-Schuhe)	
	Länge (Stollen): 12,8mm =0,0128 m
	Gewicht: 0,225kg = 225 g
	Wert: 219,95€ = 21995 ct

Lösungsvorschlag Wahlaufgabe:

-Weltmeister mit: 3 Vorrundenspiele + Achtelfinale + Viertelfinale + Halbfinale + Finale;

Antwort: Eine Mannschaft muss insgesamt 7 Spiele absolvieren um Weltmeister zu werden.

-Spiele gesamt: 8 * 6 Vorrundenspiele + 8 Achtelfinals + 4 Viertelfinals + 2 Halbfinals und das Finale; → 48 + 8 +4 + 2 + 1 = 63 Spiele

1. Der Übungszirkel zur WM 2014 in Brasilien hat mir ... gefallen!

gar nicht ☐ nicht ☐ geht so ☐gut ☐sehr gut ☐

2. Gab es in deiner Gruppe Probleme, die eure Arbeit erschwert haben?

Nein ☐ Ja ☐

Wenn ja, welche?

____

____

3. Die Arbeitsaufträge waren ... formuliert

unklar ☐ zu schwer ☐ einfach ☐erständlich ☐lar ☐

4. Wenn ein Problem auftauchte, ...

konnte mir die Lehrkraft helfen ☐

konnten wir es in der Gruppe lösen ☐

konnte mir niemand helfen ☐

5. Diese Aufgabe hat mir **besonders gut** gefallen! Kurze Begründung!

____

____

6. Diese Aufgabe hat mir **überhaupt nicht** gefallen! Kurze Begründung!

____

____

7. Insgesamt fand ich den Übungszirkel ...

____

____

Studienseminar 2013 - 2015
Fachbereich Mathematik

Name: Daniel Mader

Datum: 18.07.2014 (Einführung + 1. Doppelstunde)

Klasse: 5b

Hausarbeitsthema:

„Planung, Durchführung und Analyse eines Übungszirkels in der 5. Jahrgangsstufe zur Wiederholung ausgewählter Themen mit dem Schwerpunkt Sach- und Textaufgaben zur Fußball WM 2014 in Brasilien."

Lehrplanbezug:

- M 5.2 Die vier Grundrechenarten;
- M 5.3 Rechnen mit Größen aus dem Alltag;
- M 5.5 Flächenmessung;
- M 5.6 Raummessung;
- M 5.8 Daten und Zufall;

Groblernziel des Übungszirkels: Die Schüler sollen ausgewählte Themenbereiche anhand von anwendungsorientierten Text- und Sachaufgaben wiederholen und vertiefen.

Teillernziele des Übungszirkels:

- Die Schüler sollen die schriftlichen Verfahren bzgl. der vier Grundrechenarten festigen.
- Die Schüler sollen Terme aus dem Kontext ableiten und einfache Gleichungen lösen können.
- Die Schüler sollen Kenntnisse über Maßeinheiten wiederholen und einfache Dreisatzaufgaben lösen können.
- Die Schüler sollen die Fläche bzw. Oberfläche wiederholen und Flächeneinheiten vergleichen können.

- Die Schüler sollen das Volumen eines Quaders bestimmen und Volumeneinheiten umwandeln können.

- Die Schüler sollen Grundlagen der Kombinatorik wiederholen und Informationen aus Tabellen auswerten können.

Geplanter Stundenverlauf

Unterrichts-phase	Unterrichtsgeschehen	Sozial-form	Lern-material/ Medien
Einstieg / Einführung für den Lernzirkel	Begrüßung; Klärung des Ablaufs zum Lernzirkel für die erste Doppelstunde mit anschließender Einteilung der Gruppen und Aufbau der Stationen;	L-S -G	
Arbeitsphase I	Jede Gruppe bearbeitet die jeweilige zugeteilte Station;	GA	Stationen 1-4
Sicherung	Die Sicherung erfolgt im Rahmen der Selbstkontrolle mit Hilfe eines Lösungsvorschlags der Lehrkraft.	GA	Stationen 1-4, Lösungs-vorschläge
	Pause zur Zwischenstunde		
Arbeitsphase II	Jede Gruppe bearbeitet die jeweilige zugeteilte Station;	GA	Stationen 1-4
Sicherung	Die Sicherung erfolgt im Rahmen der Selbstkontrolle mit Hilfe eines Lösungsvorschlags der Lehrkraft.	GA	Stationen 1-4, Lösungs-vorschläge

Studienseminar 2013 - 2015
Fachbereich Mathematik

Name: Daniel Mader

Datum: 23.07.2014 (2. Doppelstunde)

Klasse: 5b

Hausarbeitsthema:

„Planung, Durchführung und Analyse eines Übungszirkels in der 5. Jahrgangsstufe zur Wiederholung ausgewählter Themen mit dem Schwerpunkt Sach- und Textaufgaben zur Fußball WM 2014 in Brasilien."

Lehrplanbezug:

- M 5.2 Die vier Grundrechenarten;
- M 5.3 Rechnen mit Größen aus dem Alltag;
- M 5.5 Flächenmessung;
- M 5.6 Raummessung;
- M 5.8 Daten und Zufall;

Groblernziel des Übungszirkels: Die Schüler sollen ausgewählte Themenbereiche anhand von anwendungsorientierten Text- und Sachaufgaben wiederholen und vertiefen.

Teillernziele des Übungszirkels:

- Die Schüler sollen die schriftlichen Verfahren bzgl. der vier Grundrechenarten festigen.

- Die Schüler sollen Terme aus dem Kontext ableiten und einfache Gleichungen lösen können.

- Die Schüler sollen Kenntnisse über Maßeinheiten wiederholen und einfache Dreisatzaufgaben lösen können.

- Die Schüler sollen die Fläche bzw. Oberfläche wiederholen und Flächeneinheiten vergleichen können.

- Die Schüler sollen das Volumen eines Quaders bestimmen und Volumeneinheiten umwandeln können.

- Die Schüler sollen Grundlagen der Kombinatorik wiederholen und Informationen aus Tabellen auswerten können.

Geplanter Stundenverlauf

Unterrichts-phase	**Unterrichtsgeschehen**	**Sozial-form**	**Lern-material/ Medien**
Fortsetzung des Lernzirkels	Begrüßung; Erneute Einteilung der Gruppen und Aufbau der Stationen;	L-S -G	
Arbeitsphase III	Jede Gruppe bearbeitet die jeweilige zugeteilte Station;	GA	Stationen 1-4
Sicherung	Die Sicherung erfolgt im Rahmen der Selbstkontrolle mit Hilfe eines Lösungsvorschlags der Lehrkraft.	GA	Stationen 1-4, Lösungs-vorschläge
	Pause zur Zwischenstunde		
Arbeitsphase IV	Jede Gruppe bearbeitet die jeweilige zugeteilte Station;	GA	Stationen 1-4
Sicherung	Die Sicherung erfolgt im Rahmen der Selbstkontrolle mit Hilfe eines Lösungsvorschlags der Lehrkraft.	GA	Stationen 1-4, Lösungs-vorschläge

Name: Daniel Mader

Datum: 23.07.2014 (Nachbesprechung)

Klasse: 5b

Hausarbeitsthema:

„Planung, Durchführung und Analyse eines Übungszirkels in der 5. Jahrgangsstufe zur Wiederholung ausgewählter Themen mit dem Schwerpunkt Sach- und Textaufgaben zur Fußball WM 2014 in Brasilien."

Lehrplanbezug:

- M 5.2 Die vier Grundrechenarten;
- M 5.3 Rechnen mit Größen aus dem Alltag;
- M 5.5 Flächenmessung;
- M 5.6 Raummessung;
- M 5.8 Daten und Zufall;

Groblernziel des Übungszirkels: Die Schüler sollen ausgewählte Themenbereiche anhand von anwendungsorientierten Text- und Sachaufgaben wiederholen und vertiefen.

Teillernziele des Übungszirkels:

- Die Schüler sollen die schriftlichen Verfahren bzgl. der vier Grundrechenarten festigen.
- Die Schüler sollen Terme aus dem Kontext ableiten und einfache Gleichungen lösen können.
- Die Schüler sollen Kenntnisse über Maßeinheiten wiederholen und einfache Dreisatzaufgaben lösen können.
- Die Schüler sollen die Fläche bzw. Oberfläche wiederholen und Flächeneinheiten vergleichen können.

- Die Schüler sollen das Volumen eines Quaders bestimmen und Volumeneinheiten umwandeln können.

- Die Schüler sollen Grundlagen der Kombinatorik wiederholen und Informationen aus Tabellen auswerten können.

Geplanter Stundenverlauf

Unterrichts-phase	Unterrichtsgeschehen	Sozial-form	Lern-material/ Medien
Abschluss des Lernzirkels	Nachbesprechung von einzelnen Teilaufgaben	L-S -G	Tafel, OP
Mündliche Reflexion	Allgemeine Aussprache zum bearbeiteten Übungszirkel	L-S-G	
Schriftliche Reflexion	Jede Schüler erhält einen Reflexionsbogen zur anonymen Bewertung des Übungszirkels	L-S-G	Refexions-bogen